猫猫治好了我的精神内耗

特立独行的普通人

［泰］柴亚派特 著
徐明莺 译

大连理工大学出版社
Dalian University of Technology Press

Copyright © Athingbook

Original Thai edition © AS MEDIA CO., LTD.
Simplified Chinese edition © 2025
The simplified Chinese translation rights arranged through Rightol Media in Chengdu.
本书中文简体版权经由锐拓传媒取得 (copyright@rightol.com)

著作权合同登记号 06-2024 年 第 279 号

图书在版编目（CIP）数据

猫猫治好了我的精神内耗. 特立独行的普通人 /（泰）柴亚派特著；徐明莺译. -- 大连：大连理工大学出版社，2025．7． -- ISBN 978-7-5685-5722-1

Ⅰ．B842.6-49

中国国家版本馆 CIP 数据核字第 2025J726H1 号

猫猫治好了我的精神内耗：特立独行的普通人
MAOMAO ZHI HAO LE WO DE JINGSHEN NEIHAO : TELI-DUXING DE PUTONGREN

策划编辑	海迎新		
责任编辑	董欷菲	责任校对	海迎新
责任印制	王 辉	封面设计	刘润孟

出版发行	大连理工大学出版社		
地 址	大连市软件园路 80 号	邮政编码	116023
邮 箱	dutp@dutp.cn	电 话	0411-84708842　84707410（营销中心）
网 址	https://www.dutp.cn		0411-84706041（邮购及零售）

印 刷	大连天骄彩色印刷有限公司				
幅面尺寸	130mm×187mm	印 张	5	字 数	100 千字
版 次	2025 年 7 月第 1 版	印 次	2025 年 7 月第 1 次印刷		
书 号	ISBN 978-7-5685-5722-1	定 价	48.00 元		

本书如有印装质量问题，请与我社营销中心联系更换。

如今，许多人都在自寻烦恼，生活才愈发艰难。
不少人费尽心思为自己的不快乐找寻缘由——
那些不快乐源于某件事、某个人，
又或是某个社会现状……

把痛苦一味地归咎于外界，
或许能让我们获得短暂的心理慰藉，
却无法真正引领我们走向幸福的彼岸。
相反，这只会让我们在生活中节节败退，
甚至深信只有历经重重磨难，才能收获幸福的果实。

"我们是不是在不知不觉中，把生活搅得过于复杂，
让自己深陷其中……"

让我们从一只猫的视角，
探寻让生活回归简单的真谛吧！

目录

引子 ... 01

01

被外界"牵"着走的人类 ... 06
吃自助餐吃到胃疼,值得吗? ... 10
月亮从未怀疑过 ... 14
不再美丽的山顶 ... 18
人类的宠物 ... 22
我曾记得那一切 ... 26
睡觉就是什么都不做 ... 30
为什么始终得不到认可? ... 34

02

静观流水悠悠 ... 42
耐心等待的能力 ... 46

03

满足的秘诀
烂芒果也能吃
生命与孔明灯
要事勿缓,当即行之
遭遇不快又如何?
为什么他们不喜欢黑猫?
我们有个共同的朋友
这张白纸是什么颜色?

情绪会自动消散
种瓜得瓜,种豆得豆
烤鱼和猫粮
太旺的火会把鱼烤焦
为什么要竞争?
你对当下的生活是否满足?

50 54 58 62 66 70   78 82 86 90 94 98 102 106

插画师手记

后记

- 一切归零
- 为什么这种事会发生在我身上？
- 半杯水
- 温柔才是真正的力量
- 一只没有名字的猫
- 我喜欢看渔民钓鱼
- 什么是正确？

04

114　118　122　126　130　134　138　　144　151

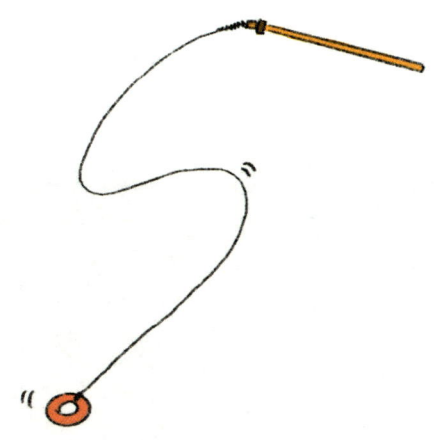

引 子

"为何要让生活
变得如此艰难?"

无论看过多少次,
如今人们的种种行为,
总会让我心生此问。

难道生活变得愈发艰难,
就能收获更多的幸福吗?

这是谁定下的规则?
还是说,人们只是习惯了盲目地跟从?

世界仿佛被营销规则牢牢地掌控着。
舆论制造者们决定着世界的走向，
众人纷纷追随。

人们渐渐对曾经坚信的事情失去了信心，
也忽视了那些曾经轻易就能获得的简单快乐。

倘若今日有人在社交媒体上因某件事情展露幸福，
明日，那事情便会摇身一变，成为幸福的象征。

倘若今日的广告
宣称拥有某个物件能收获幸福，
明日，那物件便会成为人们梦寐以求的目标，
寄托着幸福的希望。

唉……
身为一只猫，我实在难以理解。
营销规则与社交媒体，
改变着人们的生活……

为何社会不断进步,
人们的生活却愈发艰难?

人们对科技的理解日益深刻,
对自己生活的认知却愈发模糊。

让我们跟随一只猫,透过猫猫的视角,
去重新认识现代生活。
比如我——这只带着人类记忆的猫。

被外界"牵"着走的人类

我们常常思索,
自己不过是渴望过平凡的日子,
不期盼波澜起伏,只愿岁月静好。

然而,世事无常,
如今人们口中的"平凡生活",
与往昔人们纯粹、质朴的简单生活相比,
显得如此格格不入。

我仍清晰地记得,
当我还是人类的时候,
没有手机的存在。

那时,人们顺应生活,安然度日。
那种简单,蕴含着宁静与祥和,
真切地契合着人们内心的渴望。

过去的人类社会,
人们不会因网络宣传而左右饮食选择,
不会因潮流而盲目购物,
也不会一味地模仿明星的穿着打扮。
那种不受外界干扰的平凡生活,
才是真正的简单与惬意。

有时,人类硬拉着我出去散步,
连我这只猫都觉得厌烦。
那些总是被外界"牵"着走的人类,
难道不会心生厌烦吗?

事实上,简单平凡的生活
从未消逝,
会不会是我们自己,在不经意间,
将生活变得复杂琐碎?

"有时,切莫盲目轻信广告。"
喵,喵……

吃自助餐吃到胃疼,值得吗?

午后醒来,
我漫步于镇上的公园,
慵懒地在草地上打滚。

不经意间,瞧见两人
斜倚在长椅上。
他们神情痛苦,姿态狼狈。

"哎哟……我感觉吃太多了,
都站不起来了。
得去买点药才行。"

"嘿嘿,没事啦,
至少咱们在自助餐厅吃得很划算。
偶尔胃疼一下,没啥大不了的。
哎哟……可真难受啊。"

呃……听着这两人谈论
什么是"值得",
我这只猫不禁满心疑惑。

如果吃到胃疼,
这真的算得上"值得"吗?

如果撑到需要吃药,
这真的是所谓的"值得"吗?
衡量"值得"的标准,究竟在何处?

身为一只猫,
饿了便吃,饱了即停,
从不会因暴饮暴食而胃疼。

吃到恰到好处的饱腹感,与追求所谓的"物有所值",
究竟哪一种更能让身心舒适呢?

他们难道不觉得奇怪吗?
为何如今的人们,总是用金钱来衡量一切,
却忽略了内心的安宁?

那么,你呢?
你用什么衡量价值?
是金钱的多寡,还是内心的宁静?
不妨细细思量一番。
喵……

月亮从未怀疑过

今晚的夜色,格外迷人。
又是一个尚未入眠的夜晚。
白日里尽情酣睡,
让我能在夜晚悠然漫步。

今晚,是散步的绝佳时刻。
四周静谧安宁,
一轮满月高悬天际,洒下银白的光辉。
几天前,月亮还只是一弯月牙,散发着微弱的光芒。

望着这满月，我不禁陷入沉思，
思索着月亮背后的哲理。

尽管我们眼中所见的月亮常常并不圆满，
但月亮本身，始终是完整无缺的。
不过是视角的差异，受阳光的影响，
才让我们误以为月亮并不完整。

其实，月亮与我们何其相似。
有时，他人或许无法看到我们的价值，
但我们自身的价值与美好，从未消失。
不要等待他人来定义你的价值，
而忘却了自己的独特光芒。

即便我们看到的月亮并不圆满,
月亮却从未怀疑过自己的完整。
它始终坚信自己的圆满,
只是他人未能看清罢了。

我们的价值与美好,
恰似这月亮。
他人看不见时,并不代表它不存在。
"不要让他人的看法,
决定你自身的价值。"

不再美丽的山顶

今日,我重登几年前曾去过的那座山。
我仍清晰地记得,
当时从山顶眺望时,景色是何等的壮美。

山顶的观景台位于悬崖边,
四周绿树环绕。
从悬崖远眺,
天空与水面交相呼应,浑然一体。
每一次忆起山上的美景,我都会暗自思忖……
为何它如此令人陶醉?

终于,我再次抵达了山顶。
然而,山顶却已面目全非。
曾经自然纯粹的美景,
已被人们对便利的追求所破坏。
他们大兴土木,这里再也不复往昔的美丽。

我不禁想,这就如同人们的生活。
曾经简单纯粹的生活,
如今为了追求便利,变得错综复杂。

"这个是必备品,那个绝对不能少。"
"要是没有,我就开心不起来。"
为何人类的生活变得如此艰难?

便利本身并非过错,
舒适也无可厚非,并非坏事。
但若是过度沉溺于舒适,
以至于忘却了简单的幸福,那就得不偿失了。

"过度执着于物质的舒适,
或许会让我们忘却,
所做的一切,原本是为了寻求内心的宁静,不是吗?"
若能以些许的不舒适,换取内心的安宁,那也是值得的。

人类的宠物

如今,
大多数猫猫都被圈养在室内,
成为人类心爱的宠物。
人类对猫猫宠爱有加,悉心照料。

但久而久之,
家猫们变得愈发挑剔。

我想,其中的缘由大概是:
"我们享受的舒适越多,
就越难得到满足。"

"这是什么?冷冻的鱼?
我才不吃这玩意儿!哼!!"

"睡在地上?我的毛会被弄脏的!
像我这样的猫,必须睡在柔软的羊毛垫子上!"
有些家猫便是如此娇纵。

看着猫猫，我不禁联想到人类。

过去的生活简单纯粹，
人们生活得轻松自在。
饮食简单，起居朴素，睡眠安稳，
幸福，同样简单。

但到了现代，
人们为了选择饭馆，
要花几个小时在手机上查阅餐馆评价。
为了睡觉，需要依靠药物。
吃饭难，生活难，连睡觉都难。
至于幸福——更别提有多难了。

那些变得愈发挑剔的家猫,
不过是习惯了日益舒适的生活。
而让自己活得更艰难的人类,又何尝不是如此。
受舆论的影响,他们习惯了追求更多的舒适。

每年,各大公司都竞相推出新款智能手机,
宣称能让人类的生活更加便捷。

人类渐渐习惯了
广告所宣扬的"越来越舒适"的理念。
随后,他们便开始相互攀比,
一旦发现自己没有别人拥有的东西,
就会感到不安。

身体上愈发舒适,生活却愈发艰难,
这真的一件好事吗?

我曾记得那一切

如你所知,
我是一只拥有记忆的猫。
尽管我生来为猫,
可作为人类的种种经历,
却从未被我遗忘。

所有这些过往都留存在我的记忆之中。
我记得曾遭遇的种种不堪,
记得曾经的爱憎好恶,
一切的一切,铭记于心。

在这世间,
每个生命都独一无二,
但有一样东西是共通的,
我们称之为"过往"。

过往不过是已经发生的事情。
已然发生之事,便无法更改。
过往的存在,是为了让我们从中汲取教训,
也是为了让我们学会接纳。

每个人都背负着过去,
可为何有些人会因它而痛苦不堪呢?

我觉得,过往就像一把刀。
家家户户都有刀,
但有些人最终却用它伤害了自己。

刀本身不会主动伤人,
伤人的是持刀之人。
过往不会伤害任何人。
是我们自己,用过去的回忆刺痛了自己的心。

"若你懂得如何正确用刀,
它便能在生活中发挥大用处。
若你能以睿智的眼光看待过往,
它亦会成为滋养生活的养分。"

像我们猫猫,从不因过往而感到痛苦。
倘若你不想从过往中汲取经验,
那就释怀吧,放下也可以。

喵……

睡觉就是什么都不做

尽管我今天已经睡了好多次,
但像我们这样的猫猫依旧很困。
猫猫平均每天要睡12到18个小时。

对猫猫来说，
如果要找出生活中最容易的事，
那大概非睡觉莫属了。

只需什么都不做，就能进入梦乡。
这能有多难呢？

仔细想想，睡觉就是什么都不做。
身体放松，大脑放空。
只是这样，什么都不做，仅此而已。
猫猫一天安然入睡好几次。

但看看如今的人们,
他们总爱把简单的事情复杂化,
就连吃饭都变得麻烦起来。
睡觉,这本该是最容易的事,
却也变得困难重重。
许多人饱受失眠的困扰。

随着入睡变得愈发困难,
人们不得不借助药物来助眠。
可睡觉本就是什么都不用做的事,
为何人们为了入睡,还得额外折腾呢?

猫猫们代代相传的睡眠秘诀是：
睡觉在于心无旁骛。
不要执着于能否睡着，
不要害怕失眠。
什么都别在意，
无论是自己的琐事，还是他人的闲事。
当内心不再焦虑，便会放松下来；
当大脑不再担忧，便能平静安宁。
如此，便能轻松入睡。

"有所在意是人之常情，但并非事事都需挂怀。
太过在意，便会徒增烦恼。"

为什么始终得不到认可？

今日,我要给你讲一个故事。
在遥远的过去,
人们生活得都很幸福,
无忧无虑,没有烦恼与痛苦。

每个人都过着平静的日子,
笑容灿烂,谈笑风生。
他们整天心情舒畅,脸上洋溢着幸福的微笑。

  这样的美好时光,持续了数百年。
  直到有一天,人类发现了"比较"这个概念。
  "谁比谁更优秀……
  谁拥有得更多……我有多少……"

  从此,人类开始互相攀比。
  无论什么话题,都能成为他们攀比的对象。

从那一刻起,
曾经如影随形的幸福,
开始渐渐消逝。

人们越来越热衷于比较,
可越是如此,
幸福离他们就越远。

没过多久,
曾经充满欢声笑语的人类世界,
变得痛苦不堪。
一切的改变,皆源于"比较"。
从那以后,过去人类幸福生活的故事,
成了如今猫猫们口中的传说。

我们已然竭尽全力,为什么还是得不到认可呢?
如果竭尽全力仍无法让人满意,我们的付出就没有意义了吗?
即便我们已用自己的方式做到最好,
为何依然无法获得幸福呢?

一只小青蛙能在自己的一方天地里找到快乐,
小鸭子和小鸡也能以自己独特的方式感受幸福。
即便它们不能像鸟儿一样翱翔天际,那又如何?

以自己的节奏,好好地生活,
便足以收获幸福。
让我们停止无意义的比较吧……

耐心等待的能力

如今，
人们都钟情于快节奏事物。

跑得最快的汽车，
被视作最好的汽车；
运行速度最快的智能手机，
便是众人追捧的对象；
无须排队等候的餐厅，
更是备受青睐。

人们对速度的追求近乎痴迷。
那种无须等待的瞬间满足，成了令人向往的体验。

然而，正是因为对速度的过度执着，
他们对一切需要等待的事物都失去了耐心。
一旦需要等待，便会心生烦躁。
急躁和缺乏耐心的习惯，就这样在不知不觉中养成。

"这手机太慢了，
赶紧换一部新的。"
"前面那辆车开得太慢了，
超车！"
"我们点的餐怎么还不来，
投诉，取消订单！"

但在过去,
科技并不发达的时代。
无论做什么,他们都需要等待。

想要传递信息,只能依靠写信。
等待回信可能需要几周甚至几个月的时间。
想看电影或电视剧,只能守在电视机前,等待节目播出。
无论做什么,都需要耐心等待。
那时,培养耐心是生活的一部分。

耐心等待和保持冷静的能力,
让过去的人们比现代人
少了许多愤怒和沮丧。

"耐心等待的能力,
如同守护幸福的钥匙。"

在人类追问
"我的幸福能维持多久?"之前,
像我这样的猫不禁想反问:
"你可曾学会耐心等待,以保持内心的平静呢?"

静观流水悠悠

在猫猫的生活里,
有许多让我沉醉的放松方式。
躺在河边便是其中之一。

在河边的树荫下,柔和的阳光透过枝叶的缝隙洒在身上。
若能躺在柔软的草地上就更好了,
伴着凉爽的微风入睡,那感觉别提多放松了。

当我望向水面,
我看到河水在流淌。
缓缓向前,永不停歇。

随着水流,水中的草叶轻轻摇曳,
飘落的树叶顺流而下,
一根浮木也随着水流漂向远方。

水面上的一切,
都沿着水流的方向,自在地漂流。
这本身就是一种浑然天成的自然之美。

世事便是如此。
我仿佛听到流水在对我轻轻诉说——
万物皆循生命之流，
此乃自然之道。

"世间万物，皆非静止不变，
没有什么会永恒如初。"

人一旦生于世，便无法永远停留在孩童时期。
时光流转，人终将长大成人。

即使拥有强健的体魄，也无法抵御岁月的流逝。
终有一天，会面临疾病的侵扰。

年华逝去，没有人能永驻世间。
转瞬之间，生命终会走向尽头。
这是自然不变的规律。

"没有什么会永恒不变。
没有什么能始终如一。
万物皆变,都在向前发展。"
这是潺潺流水的低语。

若执意逆流而上,
抗拒事物的变化,
短期内或许可行。
但当水流变得湍急,疲惫感便会袭来。
最终只能屈服,随波逐流。

到头来,一切都会顺应其道。
接受这个事实,你便能寻得内心的平静。
我们不妨躺下来,静观流水悠悠。
喵……

你对当下的生活是否满足?

细想起来,现代社会的生活
已然变得便捷许多。

如今人们拥有各种高科技设备,
让生活愈发轻松、惬意。
甚至还发明了一些方便照顾猫猫的小玩意儿。

自动喂猫器、宠物饮水机,
甚至还有智能猫砂盆。
各种便利设施一应俱全。
生活真的变得无比便捷。

便捷到人们几乎无须亲力亲为。
无论他们想做什么,现代小工具都能代劳。
以至于许多人对便捷的生活已经习以为常。

随着人们对此愈发习惯,
曾经可有可无的便利小工具,
摇身一变,
成了生活"必备物品"。

过去,美好生活的基本必需品很简单,
如今却开始发生变化……

生活或许更便利了,但却未必更舒适。
因为若想获得更多的便利,就得购买各种小玩意儿。
不必要的开销变成必需的支出。
于是,"美好又便利的生活"变得昂贵起来。

即便有了这些高科技设备,似乎仍无法让人满足。
新机型一年到头不断推出,
诱惑着我们不停地购买。
当你没有最新款时,就会觉得自己落伍了。

其实,美好的生活或许并没有想象中那样昂贵。
过去的人们没有那么多的电子产品可用。

生活是否更便利其实并非是关键。
重要的是——你对生活是否感到满足?

像我这样的流浪猫虽然生活不便利,
却也很快乐,
我们只是"知足常乐"。
当你感到满足的那一刻,生活便会归于平静。

为什么要竞争?

在公元前 776 年,
人类的体育竞赛
就在希腊的奥林匹斯诞生了。

从那以后,
人类社会便出现了竞争。

从古至今,
人们已经习惯了竞争。
竞争已成为生活的一部分。
或者更确切地说,
生活本身就是一场竞争。

在学校里,学生们需要竞争,
看谁的成绩更高。
在职场中,职员们需要竞争,
看谁的表现更出色。
从出生到年老,
为什么人们做任何事都要竞争呢?

作为一只猫,
我领悟并由衷欣赏的一件事,
那就是不必像人们那样时刻面临竞争,
我们拥有自由。

猫是非常独立的动物,
一天中的大部分时间都在睡觉。

我们偶尔会打架,
但不会像人们那样时刻都在竞争。

我不禁疑惑，人们一直竞争，
难道不会感到疲惫吗?

"如果想要竞争有意义，
难道不该是和过去的自己竞争吗？"

比昨天做得更好，
比上周更能无怨地坚持，
比上个月更开心。
无论你选择在哪个方面竞争，
都别忘了和过去的自己较量一番。

喵……

太旺的火会把鱼烤焦

这是远近闻名的烤鱼摊主楠姨。

她每天烤鱼,手艺精湛。

想要烤鱼美味,火候必须恰到好处。

烤得太久,鱼肉会变老;

烤得时间太短,又会受热不均。

楠姨烤的鱼总是恰到好处，味道鲜美。
那是因为她懂得掌控火候。

点炭炉的时候，火一定要旺。
让木炭充分燃烧，但此时还不能烤鱼。
要等到炭烧红了，火候稳定下来才行。
这时才能开始烤鱼。

这是我每天都能看到的火候控制技巧。
我喜欢躺在她的店门口。
因为店铺打烊时，
我总能吃到免费的烤鱼。

仔细想来，
烤鱼与思考颇有相似之处。
情绪恰似火焰，
思考如同鲜鱼。

要想把鱼烤好，你得知道如何掌控火候。
要想有好的想法，你得知道如何控制自己的情绪。

如果情绪过于激动，或是在生气，
最好别想太多。
因为那时冒出来的想法都不会太好。
就像鱼在太旺的火上烤——
会被完全烤焦。

倘若你能很好地掌控自己的情绪，你的思绪也会随之流畅自然。
就如同一条烤得恰到好处的鱼，
因为火候得到了很好的把控。

思绪与烤鱼——
道理大抵如此。

在思考某事之前，
先审视一下自己的情绪——
它们处于平衡状态了吗？

喵……

烤鱼和猫粮

离我生活的城市不远处,
矗立着一座山,上面长满了林林总总的树木。
此山陡峭险峻,山路崎岖难行。
据说这里的岔路比任何山都多。

在岔路口,我们必须做出选择。
向左走,还是向右走?
在做出抉择之前,我们必须仔细思量。
哪条路才是正确的?
哪条路又会将我们引入歧途?

就像之前爬山的时候,
我曾选错了路,
在绕圈子中浪费了大量时间,
最后才终于重新找到了正确的路。

我意识到,
爬山和生活并没有太大区别。
我们总是要面临各种选择。

就像前几天,
有位好心人给我留下了两种食物:
烤鱼和干猫粮。

我选择先吃烤鱼,
把干猫粮留到晚上再吃。
但到了下午,下起了大雨。
干猫粮被淋湿泡胀,没法吃了。
要是当初我选择先吃干猫粮,
就算烤鱼被淋湿,我还是能吃的。

虽然我选错了先吃的食物,
但我心里的选择是
不让自己困于不开心。

我们猫猫有时也会在生活中选错路,
时不时还可能做出错误的选择。
但我们内心的选择,永远不会出错。
无论你做出怎样的选择,就去做吧。
只是别选择焦虑或不开心就好。

"生活本不艰难,莫要自寻烦恼。
无人能始终做出正确的抉择,
但在你的内心深处,请选择宁静安然。"

种瓜得瓜，种豆得豆

一天早上，我路过小镇公园的操场时，
看到孩子们在欢快地玩耍。
童年一定是人生中最幸福的阶段，
当你懂得不多的时候，你也不必想太多。

看着孩子们开心地玩耍，
我也感到很快乐。

一个小男孩独自在墙边玩耍。
他把球朝墙壁扔去，
然后急切地等着接住它。

球不停地来回反弹。
球反弹回来的力度大小
取决于他扔球时用的力的大小。

每次小男孩很用力地把球扔出去,
球就会快速反弹回来,他根本接不住。
而且就算他接住了球,手也会疼。

我觉得小男孩对着墙扔球的情景,
很像我们生活中所得到的结果。

"种瓜得瓜,种豆得豆。"
你做什么——是温柔还是粗暴,
你说什么——是友善还是尖锐,
你想什么——是执着还是放下,
最终,世间万物皆会如我们当初施予的那般,
一一映照回我们自身,并无二致。

古训有云：
"心存善念，口出善言，多行善举。"
所有这些善举都会回报到我们自己身上。

如果你今天做了好事，却遭遇坏事，也不必惊讶。
多年来，我们每天都在扔球，
球反弹回来所需的时间
各不相同。

请相信我，
无论反弹到你身上的是什么，
那都是你自己把它扔出去的。

别那么急着去责怪别人。
一切的根源都在我们自己身上。
喵……

情绪会自动消散

微风轻拂。
阳光在地平线处熠熠生辉。
清晨的鸟儿欢畅齐鸣,
唱着美妙的旋律,这样的氛围最适合仰望天空。

辽阔而美丽的天空
点缀着轻柔的白云。
天空的色彩变幻，
随着时间的推移而更迭。
在这个清晨，
我所见的天空是明亮的蓝色。

在清晨与黄昏,
我们看到的天空呈现出橙红色的色调。

这个能使天空变色的现象
被称作瑞利散射。
在一天中的不同时段,
阳光穿透大气层的路径不同。
当它们与大气相互作用,天空的颜色便会发生改变。

倘若人类的情感如同天空一般拥有色彩，
我们便会发现，人们在一天之中会展现出多种色彩。

情感是我们思想的产物。
而我们无法永远只想着一件事。
我们不要轻易相信或耿耿于怀。
因为很快，他们的情绪和我们的情绪都会发生改变。

"莫为他人的情绪而焦虑。
即便你不加以干涉或不采取任何行动，
那些情绪终会自行消散和改变。"
恰似天空的色彩一般。

喵……

这张白纸是什么颜色?

今年夏天,我觉得天气异常炎热。
天空中几乎不见云彩飘过。
曾经凉爽的微风,如今也消失不见了。
万里无云,阳光炽热耀眼。

夏日的阳光着实令人目眩。
白天无论我遇到谁，
大家都戴着太阳镜。
如今，太阳镜的颜色五花八门，
看着它们，倒也赏心悦目。

看到人们戴着不同颜色的太阳镜，
让我对现在的世界有了更深的理解。
如今的人们各有自己的信仰和观点，
因为信仰和观点的不同，
很容易引发争吵与辩论，
甚至是恶语相向。

但实际上，
这就如同戴着不同颜色的眼镜，
每副眼镜的颜色各异，恰似不同的观点。
要看到相同的颜色，人们就必须持有相同的信念，
但这谈何容易？

倘若你拿出一张白纸，
然后问戴着不同颜色眼镜的人这张纸是什么颜色？
他们看到的颜色会一样吗？
而且，他们看到纸的颜色不一样，
真的就是错的吗？

就连猫猫都能明白。
人类看到的东西不同，是因为他们戴的有色眼镜不同。
那为什么还要为这张纸是什么颜色而争论呢？

看到的颜色或秉持的信念，
都只是基于个人的视角。
如果他们一开始就不愿摘下自己的眼镜，
那么到头来，双方都是错的。
错在一开始就不能接受不同的观点。

我们有个共同的朋友

今天,我想聊聊我们所有人的一位挚友。
一位始终陪伴着我们的朋友,
一位永远不会离我们而去的朋友,
一位世间万物共同的朋友,
一位名叫"变化"的朋友。

从我有记忆的那一刻起,
变化就一直伴随着我,
也伴随着我周围的一切。

树木的生长变化,
事物的新旧变化。
流水、浮云、岩石,甚至尘埃,
万物都在不断变化。
日复一日,从未停歇。

仿佛一切都在不停地向我们呼喊:
"我在变化。"

看着这位朋友一直在发挥作用，
目睹着变化时刻发生，
这让我的生活变得轻松自在。

无论发生什么，我都能立刻接受，
不会让自己为此烦恼。
因为无论如何，一切都必然会发生变化。

就连我自己也在变化。
我的爪子不断生长，我的毛发每天都在脱落。
既然如此，
又怎么可能不接受变化呢？

我不知道为什么人们要把生活变得如此艰难。
我不知道为什么人们要在痛苦中生活。
为什么他们会为"变化"这样简单的事情而挣扎呢?

当身边亲近之人的行为发生改变时，
人们就开始感到困扰。
当强健的身体变得虚弱多病时，
人们便无法承受。
当父母或挚爱之人离世时，
人们会觉得生无可恋。

变化本就是一件再自然不过的事。
它每时每刻都会在世间万物身上发生。

接受变化，保持从容。
因为这世间从来就是变动不居。

喵……

为什么他们不喜欢黑猫?

身为一只猫,我始终有一个疑问。
为什么大多数人类不喜欢黑猫呢?
黑猫仅仅因为有黑色的皮毛,到底做错了什么?
它们甚至什么都还没做,人类就已经不待见它们了。

我真的很想问一下,
人类为何要对一只黑猫如此大惊小怪呢?

黑色被视为黑暗的颜色，
但黑暗又有什么不好呢？
人们为什么要惧怕它呢？

如果我们抛开社会上的迷信观念，
如果我们不被电影所传达的内容影响，
如果我们不遵循代代相传的固有看法，
仅仅依据自己的亲身经历，
那么黑暗，究竟是什么？
它真的那么可怕吗？

如果只有白昼而没有黑夜，
人们该如何入眠呢？

倘若夜晚没有彻底的黑暗，
繁星的美丽又将何在呢？

黑暗自有其美，亦有其益处。
只是在于我们能否察觉而已。

人类其实并非像他们以为的那样害怕黑暗。
他们只是害怕在黑暗中产生的想法。
他们胡思乱想，为自己的恐惧担忧，
然后却将这一切归咎于黑暗。

即便他们不理解自己的想法，
也不该将责任推脱到别的事物上。
毕竟一切最初都源于他们的内心。

黑猫和黑暗其实是很好的朋友。
这仅仅取决于我们是否选择去看到它们好的一面。
喵……

遭遇不快又如何？

你是否曾感到过忧虑？
当然，谁没有过呢？

忧虑是我们最亲密的伙伴之一。
每当我们做某件事时，常常会先选择忧虑。
而一旦我们开始忧虑，
往往就会把事情做得很糟糕。
这就是忧虑带来的影响。

生活过得艰难,
部分原因就在于忧虑本身。

忧虑像一只嗡嗡作响的蚊子,
无论你在想什么或做什么,
如果有只蚊子不停地打扰你,
你真的能集中精力,全力以赴吗?
这恰恰就是忧虑的作用方式。

当蚊子干扰我们注意力时,
我们必须先想办法把它们赶走。
只有这样,
它们才会停止打扰我们,
我们才能更高效地做事。

更美好的生活,
更轻松的生活方式,
源于在忧虑产生之前的预防。

那么,究竟什么是忧虑呢?

忧虑就是害怕面对不愉快的事情。
如果你不想忧虑,
答案很明确。
你必须停止惧怕那些不愉快的事情。

尽力而为，这不就够了吗？
即便遭遇不快之事，那又怎样呢？
无论一个人做得多好，
他们总会遇到不顺心的事。

"美好的生活，幸福的人，
他们在生活中也会遇到不愉快的事情。
唯一的区别在于，他们比我们更能坦然接受。"

就连猫猫也会遭遇不快，但那又何妨呢？
喵……

要事勿缓,当即行之

历经多年岁月,
习惯了生活的模样,
很多时候,我们没能去做真正重要的事。
我们只是随性而活,享受每一天,
而那些重要的事……
"以后再说吧。"

之前,我身为人类时,
也曾如此。

清晨,去上班。傍晚,回到家。
周末休息。若不外出就餐,便蒙头大睡。
我总是这般按部就班地生活。

我想着要抽出时间做重要的事,
但尝试了两三次之后,
最终还是放弃了。

脑海里会冒出无数借口——"我没时间。"
做事的决心,输给了这些借口。

父母日渐年迈。
我本想多去看望他们。
去了几次后,便不再前往。

我买的东西堆满了屋子,杂乱无章。
我本想打扫整理房间。
只做了一次,就再没行动。

这些事很重要,
可我却一再拖延。
我总觉得时间充裕。
总认为可以日后再做。
重要的事?
可以等等。
不会有问题的。
我还有大把的时间。

而后,懊悔接踵而来。
直到生命耗尽,我才惊觉——
已没有时间了。
生命随着时光的流逝而终结。
而那些我一直拖延的重要的事呢?
最终,我从未真正完成。

"若遇要事,切勿拖延。"
明日或许永不会来临,这绝非危言耸听。

生命与孔明灯

又到了一年一度的孔明灯节,
这是我最喜欢的节日。

节日当晚,天空熠熠生辉,
被成百上千盏孔明灯的光芒照亮,
孔明灯在满月的温柔光辉下,高高地飘向天空。

孔明灯是一种点燃后放飞到空中的灯笼。
它通常由竹子制成框架，再糊上薄纸。
里面放置蜡烛或燃料以供点燃。

当火焰熄灭，
灯笼最终会飘落回地面。

当你看着孔明灯时，不妨想想。
一盏孔明灯恰似我们的生命。

当孔明灯被点燃并放飞到空中，
就如同我们的诞生，开启了人生旅程。
不久后，当燃料耗尽，孔明灯落下。
当我们的生命走到尽头，便会离开这个世界。
我们的生命与孔明灯并无太大差异。

燃烧得过于猛烈的孔明灯很快就会起火。
灯笼里的火焰就像我们的情绪。
若想生活过得好,
你必须学会控制自己的情绪。
若想让孔明灯长时间飘浮在空中,
你必须小心调控火苗的大小。

"美丽的孔明灯终有落下之时。
正如我们的人生,让自己优雅地谢幕吧。"

生活不必艰难。
快乐地生活,轻松地微笑。
在谢幕之前,做一盏美丽的孔明灯。

烂芒果也能吃

人和动物共同生活时,
彼此之间总会有些不喜欢的地方,
这很正常。

前几天,我看到两只堪称挚友的猫在打架。
那只花斑猫追着条纹猫又咬又抓。
它们跑到了一棵芒果树上,
我不得不爬上去阻止它们。

我爬上的那棵芒果树结满了芒果。
有些芒果熟透了,而有些已经开始腐烂了。
我喜欢吃芒果。
所以我决定摘一些带回家吃。

我摘的芒果闻起来香甜可口,
即便有些地方已经开始腐烂,
只要我不吃腐烂的部分,就没问题。

一个芒果,
既有好的果肉,也有变质的部分。
我们可以只吃好的部分,
避开坏的部分就好。

人际关系也是如此。
我们不能只和自己喜欢的人交朋友,
我们也不能总是把不喜欢的人从生活中剔除。
但我们可以选择不因他们的缺点而苦恼,
就像挑出芒果的好果肉一样。

我们享受芒果的方式,
和我们选择只关注他人优点的方式是一样的。

如果我们学会正确地吃芒果,只关注好的部分,
我们就不会再有问题或冲突了。

"若想与某人拥有幸福的关系,
就只关注那些让你开心的美好品质。"
至于他们的缺点,忽略就好。

喵……

满足的秘诀

我是一只活了很久的猫。
在猫的世界里,我学会了许多简单的生活方式,
这些都是我做人类时从未知晓的。

对待"期望"也是如此。
猫总是很知足。
它们每一天都心满意足。
可以说猫从来不会感到失望。

凭借我作为猫的多年经验，
我发现了永远保持满足的秘诀。
这是一个简单的诀窍，叫作"不抱任何期待"。

没错，就是这么简单。
"如果你不抱任何期待，
无论发生什么，你都不会失望。
没有失望，生活总是令人满足的。"
这就是猫猫的秘诀——就这么简单。

"期望"也是同样的道理，
一点也不复杂。

如果你不想失望，那就别抱任何期望。
尽力而为就好。
因为如果你还心存期望，
那就会埋下失望的种子。

事情不可能总是如你所愿。
即使是最幸运的人，
也会遇到不如意的时候。
而那时，失望就会带来痛苦。

期望就像抛硬币。
当你抛硬币时,
它要么正面朝上,要么反面朝上,
不可能每次都如你所愿。

期望亦是如此。
一旦你对某事心怀期望,结果便脱离了你的掌控。
若事情未能如你所愿,失望便会接踵而来。
世间本就不存在永远得偿所愿这等美事。

"一种始终充盈着满足感的生活,
其之所以充实,恰恰是因为无所期待。"
以这般姿态生活,方能觅得真正的安宁。
喵……

什么是正确?

从童年到成年,
我们常常被教导要做正确的事。
你必须这样做,因为这样比那样更正确;
你必须这样思考才是正确的。
于是,我们崇尚"正确"。

无论我们做什么,无论我们如何思考,
社会都设定了"正确的标准"。
以这种方式行事是正确的,
如果你超出了这些标准,
就被视为错误。

于是,正确性得以发展,
渗透到生活的方方面面——

如何穿着得体才算正确。
做什么才是正确的。
要如何正确地生活。

与过去相比,
社会设定的正确规则
一直随着时间的推移而发生变化。

作为一只猫,我注意到
人类世界中对正确性的要求越高,
人们似乎就越不幸福。

现代社会中的人们
似乎远不如过去的人们快乐。

有的连话都还说不利索的小孩子就要接受教育。
长大后,他们需遵循社会导向选择学校。
毕业后,他们的职业选择取决于市场需求。

事情就变成了这样。
人们过于关注正确性，
以至于常常忘记了自己的幸福。
但幸福难道不是我们真正想要的吗？

为了社会所定义的正确，
真的要牺牲自己的幸福吗？

真正的正确永远不会带来痛苦。
如果它带来了痛苦，那么这仅仅是对社会潮流的迎合，
而非真正的正确。

"真正的正确总是伴随着内心的幸福。"

我喜欢看渔民钓鱼

每年雨季结束,
随着连日降雨,
运河的水位上涨,淹没了河堤。
我看到许多渔民整天坐在那里钓鱼。

尽管像我这样的猫不会钓鱼，
但我还是喜欢看渔民们，
耐心地等待鱼儿上钩。

钓鱼需要极大的耐心。
在鱼咬饵之前，长时间等待是很正常的。
一旦鱼咬钩，
你就必须小心地控制鱼竿。

当鱼用力拉扯时,你应该松开鱼线。
当鱼放松时,你必须迅速收线。
如果你把握不好时机,判断失误,
没有技巧地钓鱼就会使鱼逃脱。

我认为钓鱼的艺术
就如同人际关系的艺术——
何时该赞美,何时应批评,
道理是一样的。

任何关系想要发展得好，
把握时机都极为关键。
知道何时该说话，何时该保持沉默，
是沟通中至关重要的部分。

"对方还没准备好倾听时，不要开口说话。
当对方想要倾诉时，要认真倾听。"
一段良好关系的开端，做到这些便已足够。

喵……

一只没有名字的猫

我是一只没有名字的猫。
因为没有主人给我取名。

烤鱼店的诺恩阿姨叫我莫莫。
水果店的图恩阿姨叫我胖橘。
人们爱怎么叫我都行。
这对我来说真的无所谓。

名字不过是虚构出来的东西,
是一种用来准确识别事物的标签罢了。
名字的意义仅此而已。

过去,一个好的名字,
源自拥有这个名字的人的善举。
名字能反映出他们的行为,
无论是好是坏。

但随着时代的变迁,
人们的想法也随之改变。

如今,人们认为想要成为好人,就得有个好名字。
于是,他们寻找令人印象深刻的名字,
希望以此改变自己的命运。

但是……如果你想成为一名更优秀的人,
难道不应该首先从改善自己的思想和行为做起吗?
就连我这样的猫都对此感到困惑。

如果你改了名字,却依然如故,
这个名字真的能让你成为更好的人吗?
如果你改了名字,却仍然抱着消极的想法,
你真的能找到幸福吗?

所以，如果我们有一个装满脏水的杯子，
我们只是换了杯子，却没有换掉里面的水，
新的杯子能让脏水变干净吗？

杯子就如同我们的名字。
杯子里的水就如同我们的行为。
如果我们想让杯子变得有价值，
我们首先得往里面装上干净的水。

一个杯子的价值在于它所盛装的水。
一个名字的意义由
拥有这个名字的人的行为决定。
"名字远不及我们如何生活来得重要。"

温柔才是真正的力量

从前,
猫是凶猛且强大的生物。
它们用攻击性的行为
来保护自己免受伤害。

嘶嘶！！！每当有人靠近，猫就会凶狠地发出威胁。
抓挠！！！当被触碰时，猫就会猛地出击。
在那时，猫被当作野兽让人畏惧。

凭借着这般凶猛和威慑力,
没人敢伤害它们。

然而,尽管拥有力量,
猫猫们却始终活在恐惧与多疑之中。
因为一旦有猫猫生病或变得虚弱,
它们便不再具有威胁,
那些惧怕它们的人类必定会将其当作攻击的目标。

猫的生活就这样继续着。
安全，令人畏惧，却没有幸福可言。

那时，对猫来说睡觉是件难事。
即使睡着了，它们也无法睡得安稳。
它们总是被惊醒，时刻保持着警惕。

有一天，一只老乌龟告诫喵星人：
"温柔才是真正的力量。"
温柔而不失坚韧，
会让生活既安全又平和。

从那以后,猫的行为发生了变化。
猫变成了活泼可爱、惹人怜爱的动物。
它们会卖萌,还常常依偎在人类身旁,
直到人类开始喜爱并悉心照料它们。

从那一刻起,
世上的猫过上了幸福的生活。
安心自在,安然入眠。
在温柔中保持力量,生活便会充满喜悦。

半杯水

平常醒来后,
我都要走很远的路,到河边去喝水。

但今天,一位好心人路过,看到我躺在一个盒子里,
给我倒了一杯干净的水。
我太开心了,因为今天不用再长途跋涉去找水喝。

小鸡和小鸭子也非常高兴。
它们欢快地蹦来蹦去。
突然,一只青蛙跳过来,撞翻了水杯。
水洒出了一半。

小鸡垂下头哭了起来。
嘴里嘟囔着只剩下半杯水了。

我告诉他们别担心。
这其实值得开心。
尽管青蛙弄洒了一些,但还剩下半杯呢。

可即便听了这话,小鸡还是哭个不停。
嘴里依旧嘟囔着只剩下半杯了。

事情往往就是这样,不是吗?
让我感到开心的事,
却给小鸡带来了悲伤。

不同的视角,
不同的观点,
"只剩半杯"还是"仍有半杯",
会改变我们对事物的感受。

同样的境遇,同样的结果,
我们感到开心还是难过,取决于我们的视角。
取决于我们看到的是失去的部分,还是剩下的部分。
"仔细看看,剩下的部分仍能带来幸福。"

为什么这种事会发生在我身上?

自古流传的箴言教诲我们:
与善者为伴,方得幸福。
但我也看到,即便如此,
有些人还是对自己的生活感到不开心。

就像……玛莉妈妈的女儿鲍。
她身边的人都很好。
可鲍自己却总是想得太多,对任何事都忧心忡忡,
她总是烦恼不断。

"为什么这种事会发生在我身上?"
"为什么我要经历这些?"
我常常听到鲍不开心地自言自语。

实际上,我觉得鲍最应该避开的人,
是那个过于以自我为中心的自己。
任何不如意的事都会让她不开心。
尽管面对不如意的事,
本就是生活中再正常不过的一部分,不是吗?

我认为每个人的内心都住着两个自己。
一个是以自我为中心的自己，
另一个是善解人意的自己。

如果我们选择与善解人意的自己相处，
无论发生什么，我们都能接受。
我们总能保持着平和与快乐。

如果我们选择与以自我为中心的自己相处，
无论发生什么，哪怕事情本身是对的，我们也会固执己见。
我们终将不满、忧虑、郁郁寡欢。

生活的模样,
更多地取决于我们选择与哪个自己相处,
而不是纠结择善或择恶而交友。
即使我们身边的人都很好,但如果我们依旧以自我为中心,
那么也总会为自己寻得快快不乐的缘由。
即使我们身边的人都不好,但只要我们能理解、包容,
依然能找到平静。

"无论我们在人际交往中与善恶之人有着怎样的交集,
其重要性皆远不及我们能否放下自我中心的执念。"

一切归零

我曾目睹过很多人,
奋力追逐着心中渴望。
无论多么疲惫、压力多大,他们都默默承受。

有些人竭尽全力积累尽可能多的财富,
有些人不惜一切代价获取名声,
有些人一心追寻正义。

每个人都按照自己的信念全力以赴。
决心以自己的方式尽情地生活，
满心期许，
若达成目标，
终将觅得幸福。

但对我来说，
曾选择过艰难的生活，
积累财富和名声，
但那未必就是生活的真谛。

因为重生为猫后,
我仍留存着人的记忆。

我始终记得自己曾做过的事,
积攒了多少财富,
拥有多少土地和房产。

最终,一切皆为空。
我什么都无法带走,
我终究要走向死亡。
"我所做的一切最终都归零了。"

唯有我曾行的善举,持有过的积极想法,
才是我真正能够留存的东西。

要过幸福的生活,
当下才是真正重要的。

生活中没有什么是确定无疑的。
生活中没有什么是永恒不变的。
生活不必完美,对所拥有的感到满足,
这不就足够了吗?

"无论你把生活变得多么艰难,
最终,一切还不是化为乌有,不是吗?
何必自寻烦恼呢?"
喵,喵……

后记

每个人都是绘画大师，
手中都握着一张洁白的画纸。

我们可以选择任意颜色，
在这张纸上绘制任何东西。

画作最终呈现的模样——
简单、杂乱、明亮，还是黯淡，
完全取决于创作者自己。

有的人在画纸上绘制简单的图案,
有的人让他们的画纸看起来高雅精致,
有的人画出令人恐惧的画面,然后自己又为之害怕。

还有许多人只是一味地临摹,
模仿这个人的画作,模仿那个人的画作,
直至他们不再清楚自己真正想画的是什么。

因为生活就如同白纸,
我们的思想就是画笔和颜料,
赋予它意义。

我们的所思所想,
为自己设定的规则和标准——
这一切构成了名为"我们的生活"的画作。

生活就如我们所描绘的那般呈现。
生活遵循着我们设定的轨迹前行。

如果我们把生活复杂化，
又怎能奢望轻易找到幸福呢？

倘若我们将生活绘成黑暗色调，
又怎能真正活得光彩照人呢？

倘若我们以他人所拥有的来定义自己的生活，
那么，我们自己的幸福，
又将置身何处呢？

我们的生活变成什么样，
取决于我们自己的定义和选择。

不要一味地抱怨问题，不要总是归咎于命运。
有些人承受的苦难远比我们多，
但他们却生活得平和幸福。

"生活始终掌握在我们自己手中。"
停止责怪他人——仅做到这一点就足够了。

倘若生活是一张白纸，
那我们的思想就是顶端带有橡皮擦的铅笔。
无论画面多么凌乱，无论情况多么复杂，
我们总能擦去旧迹，重新书写。

改变，永远不会太迟，亦不会太早。
唯有拒绝行动，拒绝改变，
才会陷入无尽的痛苦。

随心描绘你想画的，随意选择你想过的生活吧！
因为终究，不久之后，
这张纸会腐朽消逝。

"若你让余生过得轻松自在，
幸福也会更轻易地到来。"

插画师手记

时光飞逝,不知不觉间,我又完成了一部新的作品。
我想表达我的感激之情。
感谢那些在我思绪陷入困境时,
给予我指导的前辈们;
感谢我身边的大自然,它激发了我的想象力;
感谢我所经历的那些事情,
它们让我反思,并拓宽了我看世界的维度;

最后,我要感谢每一位拿起这本书的读者,
正是因为你们的支持,
我才有了持续创作的热情和动力。
真心希望本书能够为
每位读者的心灵带来慰藉。

——帕那查孔·尤萨拜